目次

關於封面

攝影師日置武晴為了尋找封面的食材前往紀伊國屋超市。
這是3月發刊，有春天感的黃色似乎比較好，
因此他選擇的是
南國的水果「楊桃」。
楊桃的切口會呈現星形，是一種帶點酸味的水果，
但日置先生並沒有將它切開，
而是直接對焦在表面上拍攝。
拍出了宛如星星尖端的黃綠色線條。

U0000443

卷頭散文

「季節的聲音 風的氣息」

山川綠

御代田最早來自春天的訊息，是一個被油菜花塞得滿滿的大紙箱。我的朋友在三浦半島有別墅，她總是去採擷自家附近田裡早開的油菜花，寄來給我。朋友是司馬遼太郎的頭號書迷。在《街道行》（譯註：日文原名「街道をゆく」，是司馬遼太郎走訪各地的旅遊文集）的連載中，當司馬遼太郎為《三浦半島記》前去採訪時，她和丈夫甚至擔任當地導覽的工作。連宅配給我的時間，朋友都選在二月十二日司馬遼太郎忌辰「油菜花忌」，可說是用盡心思。

這個裝了油菜花的紙箱裡，承載了她數不盡的追思之情。打開紙箱，蓬鬆的油菜花都快要滿出來了。和花店裡賣的那些觀賞用的油菜花不同，三浦產的油菜花，都是田裡長得頭好壯壯的野菜。被紙箱關起來新鮮又健康的油菜花，彷彿一起伸得長長地深呼吸躁動著。這品種的油菜葉面佈滿細細的皺摺，名字叫做「三浦縮緬」（編按：縮緬是一種表面有特殊細紋的絹織布），是很在地的品種，我還是讀了《三浦半島記》才得知的。

於是，我也快手快腳一邊憑弔司馬遼太郎，願他在天之靈安息，一邊把被嫩綠葉子包覆的油菜花，大把大把插進寬闊的壺裡。然後，找個適合黃色花朵且曬得到陽光的角落擺放。春來了春來了、春天打哪兒來了啊～、往這裡來了呀～。久違的新鮮配色，讓人心情都昂揚起來。

都是因為御代田枯朽荒蕪的冬季，要說大地能有什麼顏色，頂多就只有連小鳥都嫌難吃（？）的紅色合花楸果實了。太久沒看到大自然新嫩的顏色了呀！如果是溫暖的地方，即使入冬，依然可見熟悉的橘子、日本柚子等柑橘類，還有我喜愛的茶花，可惜這些在信州，都無法生存。

好，讓我把這春意也分享給鄰居吧！

除了花朵，油菜花直徑約一公分粗的菜梗與皺巴巴的葉子，都是飽含維生素C的新鮮青菜。快快燙一下、泡一泡，可以涼拌，也能搭配燉菜。那微微的苦澀，是春天的滋味。湯碗裡有盛開的油菜花，看著就高興起來！

司馬遼太郎似乎超乎尋常地喜愛油菜花。在東大阪自家書房面對的庭院，盤據著一個直徑約一米、從下水道水泥管切下來的奇妙物體。原來要在裡面放土，被當成大型植栽的花盆來使用。裡面種的就是油菜花。每到春天，從水泥管竄出鮮黃的花朵色塊，為執筆中的司馬遼太郎，帶來視覺的饗宴。這是自他遺孀口中，聽來的小插曲。

當我為了司馬遼太郎追悼專題拜訪他府上的時候，水泥管植栽盆裡，開了整片的鴨跖草。據說，司馬遼太郎也非常喜歡鴨跖草。盛放的藍紫色鴨跖草幾乎把水泥管淹沒了，真是說不出的別緻。無論是油菜花也好、鴨跖草也罷，司馬先生偏愛的花兒，都屬於內斂而惹人憐的。正如他作品中粉墨登場的女人形象。儘管不顯眼又低調，但堅毅不移的楚楚可憐之處，卻令人為之傾倒。

福壽草是春季最早為我在御代田家的庭院，帶來色彩的花兒。推開冰凍的泥土，首先讓人看見花朵的容顏。她也是個看來不顯眼、健朗又可愛的春之使者。到了這一步，再不久，春神便一鼓作氣降臨了。名不符實的阿拉伯婆婆納（譯註：英文學名Veronica persica，日文稱之為：大犬の陰，故作者以名不符實來形容），秀麗的天藍色小花妝點了整片庭院，蒲公英則嚷著讓開讓開該我上場了，見縫便插針卡位。

待櫻花們粉墨登場，已是屬於晚春的樂趣，在此之前，按照慣例先要採集問荊的孢子莖（譯註：日文稱之為土筆）。但這很高興的是，近幾年家附近問荊的孢子莖持續增加著。但這並非是件能單純高興的事。問荊的孢子莖最喜愛貧瘠的土壤，孢子囊長得好，亦是沒人耕作的閒置農地越來越多的證明。沒有施肥的泥土，越來越瘦，但也逐漸還原到沒有農藥的狀態。在此生長的問荊孢子莖，比較短胖，肯定是得甲上的等級。幫大堆孢子莖去蒂，是項大工程，意想不到的是，汆燙去腥後潛伏在內的紅色顯現，讓人又驚又喜。活用它嚼起來清脆的口感與春季野菜略苦的草根味，用米酒、味醂和醬油清爽調味，便可品嘗季節的好味道。另外加酸梅也好、拿來配飯或下酒，別有情趣。

近來，能領略採集問荊孢子莖等田野之樂的人，不太常見。不僅如此，連不曉得問荊孢子莖可食用的當地人也很多。當我摘的時候，常有人懷疑地問：要拿來做什麼？該如何料理？不過，我等七十歲左右的這一輩，獨鍾問荊孢子莖這味的人卻出乎意料的多。不知道是不是因為當時年紀雖小，但對戰爭期間與戰後那個糧食不足的年代，有著似懂非懂的體會。「時候快到了嗎？問荊孢子莖最近什麼狀況？」有個知道問荊孢子莖產期很短的朋友，隨著春天腳步接近，便會頻繁地關切詢問。

這麼說來，最近我開始意識到自己已逐漸邁入「古稀之年」。從小便很健忘的我，經常被媽媽斥責腦子裡裝的都是海綿，整個腦袋瓜裡都是洞。這陣子，我感到那些洞，確實加大又加深了。再這麼下去，我的實際年齡恐怕快要趕不上腦子老化的速度了。無論是誰，都無法躲避身體的衰壞與頭腦的退化。在認清這個現實的前提下，我認為每個人老化的差異在於對於未來還抱持多大的期待。有個朋友對我說：「那家很難預約的餐廳，在我鍥而不捨的電話攻勢下，終於訂到了。我要記下來免得忘記。」竟然是2011年！（編按：文章作成為2010年初）

山川綠

20歲出頭與作家山川方夫結婚，丈夫於交通事故中逝世。婚後僅9個月便獨身的山川綠，之後長年擔任新潮社《藝術新潮》雜誌的總編輯。退休後往返於海邊的辻堂，以及高原上的御代田兩個家之間生活。

特集

跟伊藤正子一起去拜訪
在中輕井澤發現的
美好店家與夫婦

住在松本的伊藤正子
似乎精神奕奕地在長野縣內到處跑。
有天，她在電話另一端雀躍地說：
「我發現了一間很棒的店，還認識了老闆夫婦。」
於是，本期我們前往採訪這家店與這對夫婦。

攝影—公文美和　文—高橋良枝　翻譯—江明玉

伊藤正子跟須長夫婦散步的這片春榆樹林，冬天落葉之後，可以直接到藍天。

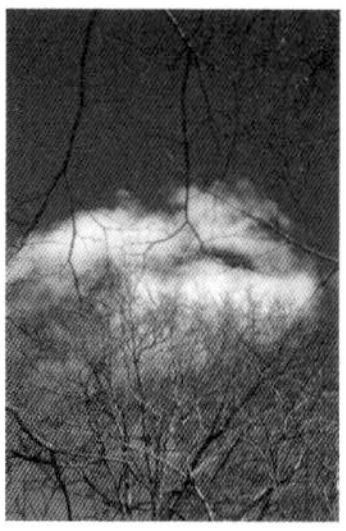

從初夏到秋天，有許多人來輕井澤避暑或觀光。但我們造訪的12月底，輕井澤已經恢復了原來的閑靜。從松本搭車越過山嶺而來的伊藤正子，與從東京搭新幹線來的我們，在須長夫婦的「NATUR」店裡會合。

春榆樹林與有著清洌水流的小河川。複合式商場「榆樹台」就被這樣一片美麗的自然風景給圍繞著。沿著木板露台有一排餐廳或雜貨的店，其中一角就是「NATURE」。

留學瑞典，在瑞典認識、結婚的須長夫婦2009年6月回日本，在輕井澤開了這家店。

「會開店也是因為緣分。我們本來就喜歡輕井澤的大自然，想要就在這裡生活，在工作室創作。」須長夫婦的目標是希望可以將創意（設計），創作（製作），販賣（店鋪）都串連在一起。

須長檀與理世是在瑞典斯德哥爾摩的藝術設計學院（Konstfack）認識的。須長檀學的是家具設計，理世則是學織品設計。

「現在每個學年好像都有一個日本留學生，但是我們那時候，日本人真的很少，互相幫忙了不少」。

之後，也進入了斯德哥爾摩國立美術大學家具系的研究所。在這裡以第一名的成績畢業，同時也以獨立設計師的身分成立了事務所。

「在瑞典幾乎沒有隸屬於品牌的設計師。都是獨立的設計師自己挑選品牌，提案，然後製作作品。」

須長檀在這樣方式下所製作的畢業製作作品得到了「UNG SVENSK FORM」獎項。在瑞典的美術館巡迴後，成為了羅薩卡美術工藝博物館（Rohsska Museum）的館藏。之後，從家具品牌KARLANDERSON & SONER公司所推出的「ITOMAKI」得到了瑞典的家飾雜誌所選出的2007年度百大作家家具。2009年所發表的「NEWTON」得到了北歐設計獎。

須長檀和理世，在店門前。

陸續在瑞典累積了家具設計經歷的須長檀，為何會下定決心回日本呢？聽說是因為他認為「日本是創作者的寶庫」。伊藤正子推測，大概是因為在日本不同地域有著各種的氣候風土，能夠產生該土地所獨有的特色之故吧！

須長檀所設計的可以堆疊的玻璃杯。由瑞典的雷米耶公司（Reijmyre Glassworks，編按：創立於1810年的玻璃工廠）所製造。有特別設計過，讓杯子即使堆疊都不會難以分離。

須長檀所設計，名為「ITOMAKI」的桌子。像是線軸狀的桌腳，可以調節高度。

須長檀設計，被取名為「NEWTON」的桌子。須長檀說「因為有三個重心點，所以非常穩定」。是ELLE DECO的得獎作品。

伊藤正子正在聽須長檀說明他與日本的實驗玻璃工廠合作製作中的作品。據說還在試做中。

店裡理所當然地有須長檀的桌子作品，另外也陳列了兩個人在當地選的一些瑞典古董家具或器皿工藝品等。

「我們實地去拜訪工作室，讓對方招待喝茶，建立了交情，並且覺得希望介紹對方的作品，店裡擺的都是讓我們有這種想法的作品。」

理世在瑞典聽說是擔任歌劇服裝的織品設計，慢慢地也想在店裡販賣自己所設計的布類。目前有個正在進行中的計畫，是將她設計、京都手拭巾店製作的手拭巾放入長野縣戶隱的職人所做的根曲竹所編的籃子裡。

須長檀也設計玻璃製品。在店裡擺了許多色彩繽紛的可堆疊玻璃水杯。「這是看到我朋友雙胞胎小孩胖胖的手腕所想出來的形狀。」

「纖細而冷的玻璃，成功地變成了有溫度的東西。」須長檀這麼說。

製作水杯的雷米耶公司是在瑞典僅次於Kosta Boda的老牌玻璃製造商。

現在與日本的實驗玻璃工廠進行共同開發當中。須長檀所設計的可愛瓶罐，相信在不久之後應該也可以把店裡點綴得很繽紛了吧！

「NATUR」店內的層架。右邊的籠子是將白樺樹皮彎曲之後所做的瑞典傳統籃子。也有很多瑞典的食器。

伊藤正子造訪NATUR的第一天，買了古董白鍋跟黑鑄鍋。

「其實我還買了椅子。下次去的時候，聽說須長檀從瑞典採買的商品剛好會大量到貨，我看我的荷包不保了。得帶很多零用錢去才行了。」伊藤正子開心地哀號著。然後這一天，她拿在手中的是底部畫了一個蘋果剖面圖案的缽。

「怎麼辦好呢？」看她考慮了很久，最後還是買下了。然後還買了有蕾絲編織裝飾的手帕（？）和杯墊。

「這個蕾絲，可是家庭主婦在冬天的時候，一針一針編出來的呢！」理世似乎也愛不釋手地說明著。

溫暖的室內讓人感覺不到一絲外頭的寒冷，時間不知不覺地流逝。須長夫婦希望他們今後的創作可以在「手工所做的物品」與「量產的物品」這兩者之間取得均衡。他們似乎認為在生活當中可以日常性使用的東西，只能在生活當中發現。歷經過居住在瑞典的北歐生活，也開始在日本扎根生活的兩人，今後的活躍讓人無法不關注。

在桌子所擺的底部是黑色的深盤，是Lisa Larson所設計的50年代的古董（Gustavsberg公司製）。

在櫃檯後方的架上所排列著的是陶製燈座。伊藤正子也很有興趣地看著。

身上有著花形圖案的羊。很隨性地擺在書上。

用棕櫚木所編的籃子。聽說是利用春夏生長的部分跟秋冬生長的部分微妙的差異所製作的。

伊藤正子看上的蘋果缽。有著日本器皿所沒有的顏色和圖案，讓人覺得有趣。左邊的是由橡木所製作的鍋墊。

古董布織品。伊藤正子專心地挑選著蕾絲編織的杯墊和手帕。

NATUR
〒389-0194
長野縣輕井澤町星野榆樹台
TEL ＋81-0267-31-0737
FAX ＋81-0267-31-0736

在伊藤正子家裡安頓下來的NATUR商品

器皿、鍋子、籃子還有椅子
這些買下的東西
是怎麼樣被使用的呢？
我們造訪了伊藤正子位於松本的家
讓她來介紹一下。

攝影—公文美和　文・擺設—伊藤正子　翻譯—江明玉

從放進家裡的那瞬間，像是從以前就在這裡似的Børge Mogensen的古董椅子。（瑞典製）

本來想要裝蘋果的，但是覺得圖案被遮起來很可惜，就這樣隨意地擺在地板上。（丹麥製）

聽說是在瑞典的港口小鎮用來裝魚的籃子。本來想說拿來作洗衣籃，猶豫了一陣之後，決定拿來作柴薪專用的籃子。（瑞典製）

蕾絲編織的杯墊，棉麻的餐巾，可以隱約看出細緻的手工。因為是比較低調的色澤，所以就算搭配數種種類，都不會覺得突兀。（瑞典製）

用鉤針所編織的棉麻樸素鍋墊，不可思議地與南部鐵器配得剛剛好。（瑞典製）

用來煮飯的鑄鐵鍋。黑色的鍋面映著煮得蓬鬆的白飯，看起來非常好吃。（丹麥製）

芬蘭FINEL公司製的鍋子，容量很大，非常好用。有時候會拿來煮兩人份的義大利麵，有時候也會拿來煮紅豆。今天作的是蒸春野菜。（芬蘭製）

50年代的古董，奶油刀。（瑞典製）

「如果你有去瑞典，一定要去拜訪他們。」幾年前朋友就跟我提過他們，雖然我很有興趣，但是瑞典對我來說是相當遙遠的。之後，搬到松本的我，有天聽到傳說中的這兩位在輕井澤開了店。距離變得越來越近，讓我預感會有美好的相遇。

平常我買了新東西回家之後，會先放在房子裡某個空著的地方，然後看個幾天，有時候拿起來用一下，讓東西慢慢融入家裡頭。一開始看似沒有容身之處的東西，慢慢地也會開始找到屬於自己的場所，知道自己在家裡所扮演的角色，在不知不覺之間成為家裡的一員。

但是，在NATUR買的這些東西，從第一天開始，就感覺像是我家的一員。不會太過突出，但也不會太畏畏縮縮。因為是使用過的舊東西嗎？還是因為是簡單的東西？不不不，是須長檀和理世所選的東西跟我喜歡的東西完全吻合、相同。

我那美好的預感果然料中了。像這樣「與瑞典有些相似之處」的創作在輕井澤才剛要開始。而我今後似乎常常會去逛輕井澤了。

料理家細川亞衣的私房食譜⑭

義大利日日家常菜

本期出刊時，
細川亞衣應該已經升格為人母，
不曉得隨著家族成員的增加，
細川亞衣的菜色
會出現什麼變化。
一月時，細川亞衣辦了場個展，
展出三十本名為《菜餚10》的食譜小冊，
孕期裡還能變化出三百道菜，
也真是個活力充沛的孕婦了。

料理・造型—細川亞衣
攝影—日置武晴　翻譯—蘇文淑

雖然遙距千里、時光流逝，可是有些義大利的色彩與滋味還是會那麼清楚地一下子就竄上了心頭。柳橙是我心中鮮明的記憶之一。在安娜家的小院子裡、在她臥房窗外一望無際的鄰居比帕先生的農園裡，於冬日藍空下清亮閃耀的黃澄果實。

在隔了很久之後，重新去上料理學校的時候，我很厭惡跟著其他學生一起照著食譜一步一步地做著菜。那樣的時候，我會掐準平時總是嘈雜的學生宿舍廚房恢復寧靜的時間，進去做上一道橙香沙拉。雖然動人的西西里美景不在眼前，但酸甜的果汁與心曠神怡的清爽茴香味，依然讓這道菜成為平撫躁動之心的美食。

■材料（4人份）

柳橙	4大顆（或8小顆）
茴香	1顆
紅洋蔥或新洋蔥	1/4小顆
特級初榨橄欖油	適量
酒醋	適量
粗鹽	適量
胡椒	適量

■作法

柳橙剝去外皮後，用刀把整顆削圓、削去薄皮。

剝掉茴香外頭的粗纖維，切薄片（茴香芯甜，所以別扔掉，一起切薄片放進沙拉裡，漂亮的葉子也留下來）。

洋蔥切薄片。

把柳橙鋪在盤子上，灑上洋蔥和茴香片。淋一圈特級初榨橄欖油，滴一丁點酒醋、灑粗鹽、磨點胡椒。調味料一層層堆疊之後，也可以先冰進冰箱讓它入味。

Insalata di arance
橙香沙拉

桃居・廣瀨一郎
此刻的關注⓲

探訪 鈴木喬伊的工作室

鈴木喬伊（Joy Suzuki）所做的清透玻璃器皿有著纖細流暢的造形，那是她將在製作過程中，天天接觸自然受到感動的心，吹進這些作品裡。
就讓我們拜訪她位於鎌倉的悠靜生活及位在東京的工作室中創作的樣子。

文—草苅敦子　攝影—日置武晴　翻譯—王淑儀

與版畫一同裝飾著，如玻璃般透亮的藍色寶石。

不論是外觀或是室內，都彷彿停止在昭和時代。草木繁盛的庭院裡有張大圓桌。

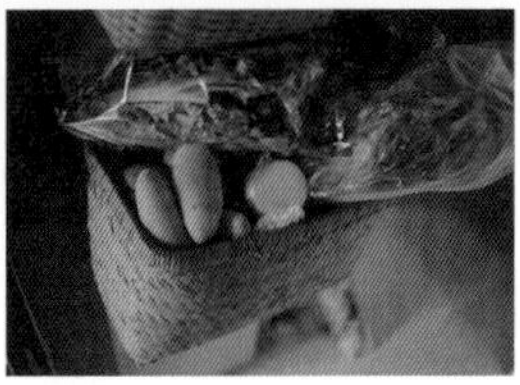

因為喜歡籃子，所以廚房裡的蔬菜也都用籃子裝著。古道具屋挖寶挖到的羽子板、舊式的瓦斯爐，營造出一種懷舊的氣氛，跟這個房子氣味相投。

「喬伊是在美國出生的第三代日本移民，卻說得一口漂亮的日語，不是大和撫子，而是加州撫子。」（譯註：大和撫子乃日本女性的代稱）

廣瀨一郎如此介紹著喬伊。對於在美國出生、長大的喬伊來說，母語是英文，然而對於廣瀨一郎或是我們說的話，她就像是在吟味般仔細地聽，再以完美的日語回答。

她的母親是在日本出生的日裔第二代，是開設花道課的老師，父親則是出生於柴又的老東京人，她自雙親身上傳承了日本精神。據說外公外婆那一代在日本戰後沒多久就移民到美國。

原本在洛杉磯讀大學，專攻商業，在那段期間有機會接觸到玻璃吹製。「只是在那裡接觸的都是偏藝術創作的作品，我覺得自己並不合適。那時看到日本的玻璃作品，深得我心。」

因深受融入日常生活中的日本玻璃器物的吸引，於是決定一個人搬到日本，待過幾家玻璃工作室，現在住在鎌倉。

這間蓋在山坡上的兩層木造房子，裡面幾乎全是日式格局，有可以眺望櫻花、柚子、合歡樹呈現庭院四季變化的緣廊，簡直就是日本民家才有的風情，附近也林立著是歷史悠久的寺廟。

她說小時候就曾回來祖父母在日本的故鄉，被那美麗的風景深深地感動著，也許保有古老街道及自然景色的鎌倉與當時所見的情景有所重疊。

「從古時候開始日本就崇拜、信賴著大自然，在四季移轉之中忘掉理性，感受著美。喬伊的作品及人格特質之中，也能感受到這種對自然的敬意。」

喬伊也同意廣瀨一郎說的。

像是水滴成形瞬間的模樣，其實是人形娃娃。

「我真的從自然之美中學到好多。」

在冬日柔和的陽光照映下，喬伊的玻璃閃耀著溫柔的光芒。擺在家中清透晶亮的玻璃，只是靜靜地看著就讓人感到心情舒暢。喬伊的作品主要有如清水般的透明玻璃，與以噴砂（Sandblasting）手法去除表面光澤的磨砂玻璃這兩大類。由柔韌的曲線勾勒出來的形狀十分細緻，卻又有一定的厚度，在手中平衡安定的造形，給人一種安心感。

「最近對碗的高台感到有興趣。」從以前就對陶藝有興趣，也因此在陶藝家青木亮的個展上認識廣瀨一郎，她說從別的工藝領域裡獲得許多靈感。

在家創作主要是思索設計及以砂紙為磨砂玻璃做最後修整。玻璃工作室需要大型設備，要進行玻璃吹製時，得到東京一間可計時租借的「猿江玻璃工作室」，離她家開車約一個小時的車程，一週去一、兩次，辦展前得天天報到。

請她帶我們參觀製作時的景況，室內有如三溫暖般悶熱。因為熔玻璃用的熔爐需要維持1000度的溫度。以熔爐為中心，一旁有吹玻璃時用到的工作椅及讓玻璃重新加溫，以調整形狀的熱塑成形保溫爐（glory hole）。我們造訪的那天，有五名創作者正在使用，來回不停地穿梭在熔融爐及工作椅之間。

「從溶解爐裡取出剛轉好的玻璃最漂亮。我很希望把那個狀態傳達給大家知道啊！」

喬伊很高興地看著吹管的前端，開始吹氣後，前端的玻璃形狀一點一滴地變動。是否在吹製之前就已經想好完成的形狀了呢？一問之下才知「雖然腦中有想像，但通常卻無法照著想法成形，這個時候只能任由它自己變化，做出另一種不同的器物。」

似乎是順應著玻璃的意志，重視它自然成形的結果，而不多加以干涉。這似乎也向我們透露了喬伊的創作理念本身就是玻璃的一種美。

裡面的和室是擺放作品的房間，有許多花瓶，側面開個小窗，造型獨特，簡單插上一朵野花、樹枝，便是一片美麗的風景。燈罩也是喬伊的作品之一。

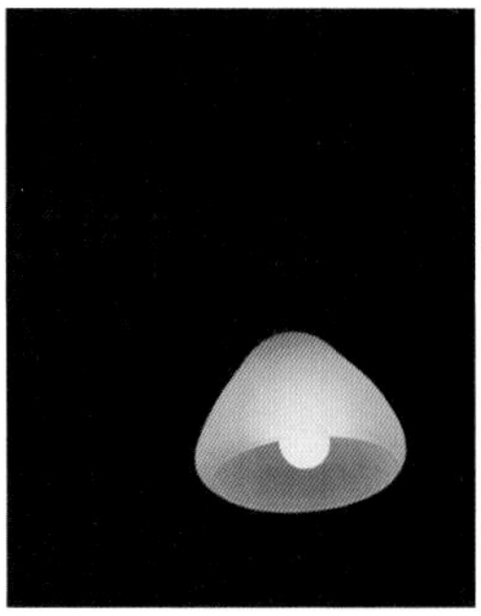

喬伊將玻璃放進去的地方是熱塑成形保溫爐、後方則是熔融爐。

花瓶、片口等需要在過程中放入金屬製的模型裡吹塑、嵌入直紋等造形。

喬伊穿著白色襯衫、認真製作的表情非常帥氣。在工作室的工作人員、彼此默契十足的內田洋子小姐協助下，順利地進行製作中。

Joy Y. Suzuki

生於美國加州，1988年起於洛衫磯州立大學學習吹製玻璃，90年移往日本，經歷過廣島的玻璃之鄉、山梨的伊藤學工作室助手後，93年獨立。目前以鐮倉及東京的猿江工作室為主要活動中心。

工作椅旁放著一排的道具，喬伊說最常使用的是以水沾溼的報紙，須靠它整平玻璃的表面及塑形。

展現出自然變化與生活韻律的器皿

文—廣瀨一郎　翻譯—王淑儀

在喬伊作品中，感覺不到不必要的技巧或是多餘的裝飾。要說是這是她有意識的做法，不如說那是她的感性與生活態度的展現。在四季更迭之中，大自然吐露微小、纖細又複雜變化所喚醒的敏銳感覺與精心安排生活所得到的週期韻律，就這樣直接融入在她的器皿之中，靜靜地呼吸著。

右起
■100×60×高90mm
■140×85×高100mm

喬伊透過吹管吹製，再利用重力及離心力塑造出單純、簡潔的形狀，她認為玻璃這項材質可說是大自然的恩典，因此避免多加裝飾或添色。然而「避免」這樣的說法其實並不正確，我想喬伊應該會糾正我說，因為自然本身已經如此精彩，無須再畫蛇添足了。

右起
■直徑90×高90mm
■直徑80×高95mm

桃居
東京都港區西麻布2-25-13
☎+81-3-3797-4494
週日、週一、例假日公休
http://www.toukyo.com/
廣瀨一郎以個人審美觀選出當代創作者的作品，寬敞的店內空間讓展示品更顯出眾。

連載—飛田和緒帶你做日本各地的料理②

長野三浦半島的家常料理

文—飛田和緒　攝影—廣瀨貴子
翻譯—蘇文淑

拌炒野澤醬菜

11月到12月這段期間，長野家家戶戶都忙著醃野澤菜。天氣一冷，野澤菜就愈清脆好吃。一路醃到春天，就成了老醬菜，這時候酸味開始出來了，鹽份洗掉後，變成一道道下飯的佳餚。老家習慣用野澤菜炒干貝，或加進烤餡餅裡當成內餡，好吃得令人垂涎呢！

■材料（4人份）

久漬的野澤菜……1棵
紅蘿蔔……1／4根
甜不辣……1片
湯底……1／4杯
麻油……2小匙
酒……1大匙
醬油……2～3小匙
砂糖……少許

①野澤菜泡水去鹽分，泡個30分鐘～1小時，途中換幾次水，偶爾咬個幾口，如果覺得鹹味去除了差不多了，就可以拿起來濾乾。

②野澤菜切成4公分長左右，紅蘿蔔跟甜不辣也配合野澤菜切成相似大小。

③倒麻油熱鍋，把②放入鍋中拌炒，整體過油後下調味料跟湯底續炒至略微收汁即可。

蜂斗菜味噌
佐蒟蒻生魚片

一看見蜂斗菜的身影出現在院子前或田畦旁，就可以準備摘來做天婦羅或蜂斗菜味噌了。每戶人家的作法不太一樣，老家會把蜂斗菜切碎後熱炒。蜂斗菜切碎後，在炒之前得先泡點水或用熱水汆燙過。也可以把切碎的蜂斗菜直接拌進味噌裡。

■材料（3～4人份）

蜂斗菜……100g
（小株約6～8株）
砂糖……2.5大匙
酒……1大匙
醬油……1／2匙
味噌……2大匙
沙拉油……略多於1大匙
蒟蒻生魚片……1片

①蜂斗菜稍微沖一下水後，細細切碎。

②過油，把菜炒軟後加入佐料調味。視味噌的鹹度來決定砂糖的用量。這道菜適合稍甜一點。

③蒟蒻切薄片，放入滾水中稍微汆燙過後，馬上拿起來盛盤。擺上大量蜂斗菜味噌，吃時用蒟蒻片包起來即可。

＊譯註：蜂斗菜味噌裝瓶的話可以保存一個星期左右。可夾進飯糰或烤飯糰裡、加點奶油一起拌煮義大利麵、或是沾魚板都很不錯。

器之履歷書④

三谷龍二（木工設計師）

黑漆白缽

文・照片—三谷龍二　26頁照片—公文美和
翻譯—王淑儀

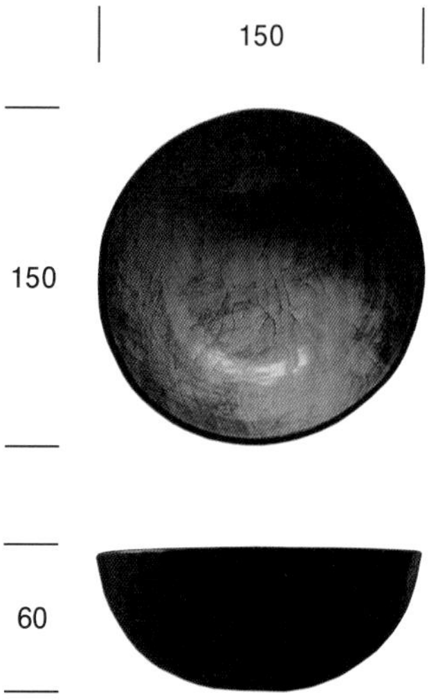

材質→山櫻　塗裝→白漆、黑漆

漆是一種很難駕馭的塗料，若沒有控制好溫度、濕度的話，就無法乾燥，過程中為了不讓表面塗料沾上塵埃，得要小心翼翼地保護著；因為漆容易敗壞不能事先將顏料調好裝在管子裡備用，只能在每次要上色時才開始調配；更可怕的是漆會引發過敏症狀。但雖然有這種種的不便，但是事實上也確實沒有比漆更適合用於食器上的顏料，正因為製作上有著這麼多的限制，才成為漆器獨特魅力的來源。

漆的魅力在於其如絲般滑順的觸感及具有深度的黑或紅色。上漆雖然要求均勻、不留下刷毛痕跡，但過於均質的成品又總讓人覺得少了點魅力，那就好像在演員的世界裡，被稱為好演員的比不上讓觀眾感動、具有魅力的演員來得迷人，漆器也一樣，不是做得好，而是具有魅力的作品才是創作者應當追求的。

接著要以不同的使用手法來應用上一期介紹過的白漆。製作白漆梅花盤時，也曾以刷子塗上黑漆，但這次是在木胚上以植物性染料先染色，再以擦拭的方式上漆。要保留木材的觸感或作工的痕跡時，拭漆會比整個以刷子塗上厚厚一層漆來得更合適。以拭漆法上白漆有點像是陶器的「刷毛目」，在陶器的世界裡，留下指印、或在燒製過程中產生的不完美反而更討人喜愛，這類痕跡要刻意做還很難做得出來，無法預料的偶然刻畫在作品上，更讓人感到有魅力。

我以前也曾用這種上漆法做過咖啡杯，因為有個朋友拿著他正在使用的白瓷杯跟我說想要有一個這樣的杯子，但是用黑漆做的。那個從鑿木開始做起的杯子被我暱稱為「暗黑系」，我很快做了幾個，但是覺得在黑色的杯子裡倒入黑黑的咖啡，朝杯裡看進去感覺就像是一口井。

「至少得襯得出咖啡的存在吧！」於是在杯內塗上白漆，結果這個外黑內白的咖啡杯大受好評：「喝的時候嘴唇接觸到木頭的觸感很好，拿在手上也不會燙手，放上桌子的那一刻發出的聲響十分悅耳。」

1 用帶鋸自厚木材板上裁出圓塊。

2 以雕刻刀鑿出碗形木胚。

3 用植物染料將木胚染黑。

4 拭漆。

5 內側以刷毛塗上白漆。

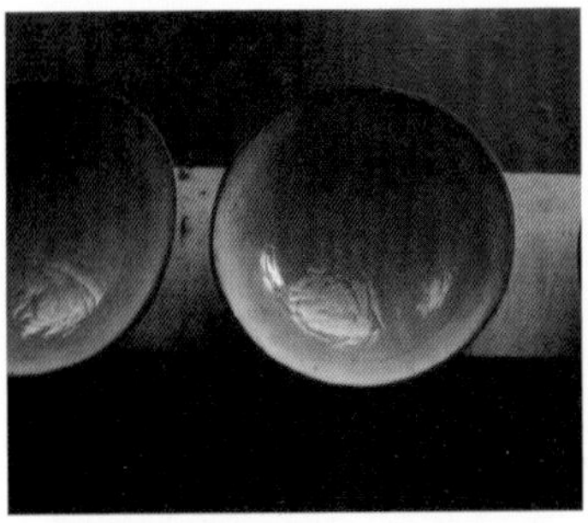

6 剛塗好的白漆呈現的是咖啡色，乾了之後會慢慢變白。

白漆經久使用會留下痕跡，雕刻刀曾鑿過之處也更有味道。

舊曆三月的伴手禮是
全部手工做
裝在小盒子裡的和菓子

雖然心裡會希望
盡可能自己手工製作伴手禮，
如果能夠展現出季節感更好，但總是很困難。
春天的舊曆三月*，是女兒節的季節。
這個季節最適合和菓子了。
讓我們來學做和菓子，
也試著做看手工製作的小盒子。

*編按：日本的舊曆三月稱為彌生。

文—高橋良枝　翻譯—Frances
攝影—日置武晴（p28-32）、廣瀨貴子（p33-35）

右頁是「和菓子伊呂波」的彌生和菓子。從最上面開始順時針方向依序是「野遊」（蒸蜂蜜蛋糕）、「蝴蝶」（練切）、「宵之春」（求肥〔譯註：用糯米粉加糖、水做出的和菓子材料〕）、「春色」（薯蕷饅頭〔譯註：上等生菓子，生菓子是指水分較多的和菓子〕的材料）

名為「春野」的小糯米丸子。粉紅色的是蓮花、加了芝麻的是土筆（譯註：問荊的孢子莖，日本稱為土筆）、黃色是油菜花、綠色是用艾草來染色。

初冬的某日，我收到了一個細長的小盒子。裡面有三個形色高雅的練切*和饅頭*，吃的時候，口中滿溢著溫和的甜味。這是我與「和菓子伊呂波」之點心的相遇。

因此這次的手做伴手禮，我很想請「伊呂波」來教大家。

「和菓子伊呂波」是在身為和菓子創作者第一把交椅的金塚晴子身邊工作多年的助理宇佐美桂子所設立、接受和菓子訂製的工作室。也曾擔任金塚晴子助理的高根幸子也在2009年加入，成為雙人組合。

他們製作客人訂購的充滿季節感的茶會用或是婚禮用的點心，也開設了以在家中也能簡單製作和菓子為目標的點心教室。「配茶的點心都是配合顧客的期望或主題、搭配器皿，我們也很重視要做出符合季節的象徵。」

「新成立的工作室，開始新的教室，雖然現在被點心的訂單追著跑，教室只能一個月開1~2次，但希望將來和點心教室可以更加充實。」

位於閒靜住宅區裡的工作室，努力地製作點心。

「和菓子伊呂波」的
宇佐美桂子和高根幸子。

千葉縣習志野市本大久保3-11-6-2F
TEL　+81-47-407-3443

＊練切，譯註：在豆沙餡內加上糯米粉、砂糖、麥芽糖作成上生菓子（上等生菓子，生菓子是指水分較多的和菓子）的材料。
饅頭，用麵粉或上新粉（梗米磨成的粉）作成餅皮之後包餡去蒸或烤的和菓子。

乾菓子「清朗」的做法

事前準備

製作糖蜜。在耐熱玻璃碗裡放入糖漿（20g）和水（20cc）攪拌，然後用微波爐以600w加熱20秒之後，冷卻。砂糖過篩。用少量的水溶解色素粉（綠色、黃色各少許）。

底座部分

上白糖：70g
和三盆：15g
寒梅粉：55g
糖蜜：1～2小匙

綠色部分

上白糖：10g
和三盆：2g
寒梅粉：7g
糖蜜：少於1～2小匙

材料

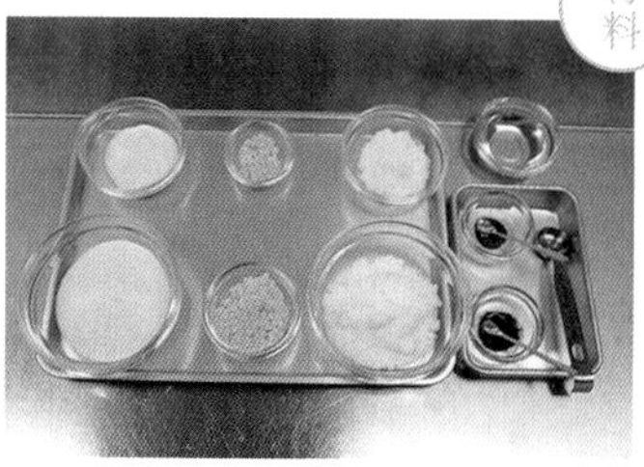

一

上白糖倒入碗裡，一點一點加入糖蜜，用手充分攪拌均勻。

二

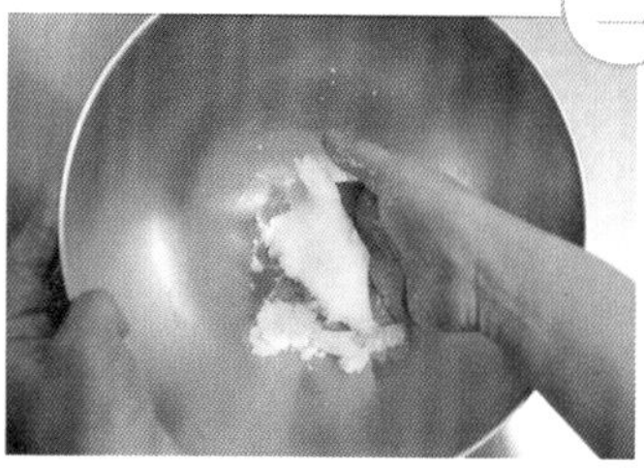

糖蜜混合到可以用手捏成塊狀的狀態。如果不夠緊密，就再加入糖蜜。

三

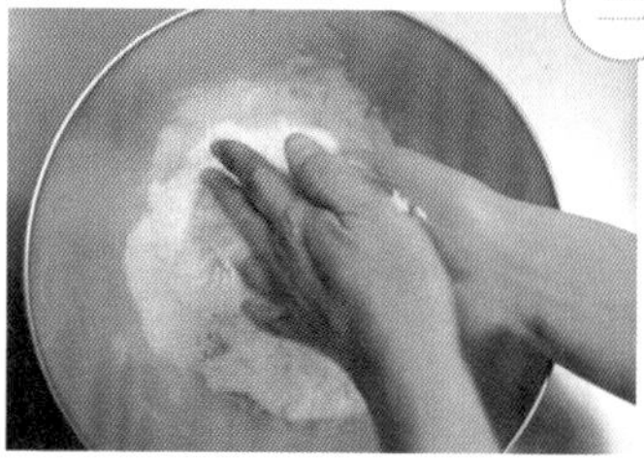

將寒梅粉加入②。整體再攪拌均勻，用手掌用力搓揉均勻。

四

把③倒入洞較大的篩子，用手掌一邊搓壓一邊過篩。

五

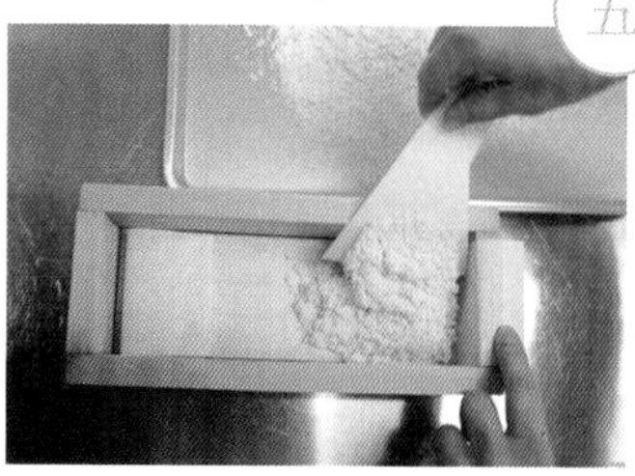

先將一半的④倒入鋪了烘焙的模型裡，蓋上蓋子平均施力將粉壓緊。剩下的一半也用同樣步驟。

六

淡綠色的材料：在①的步驟之後，加入用水溶過的色素染色，接下來的做法相同。

七

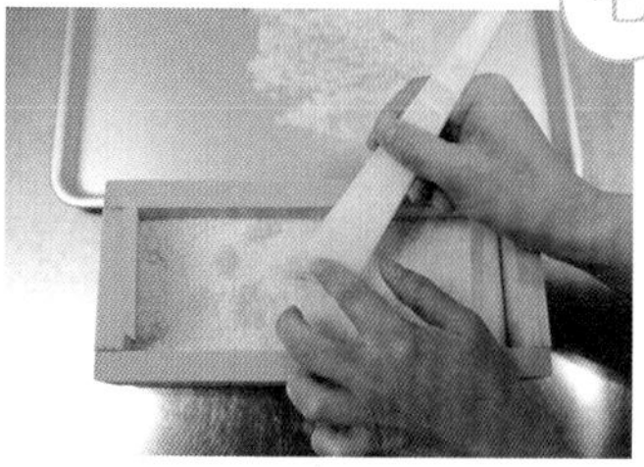

將⑥的材料，一點一點間隔鋪在上面。

八

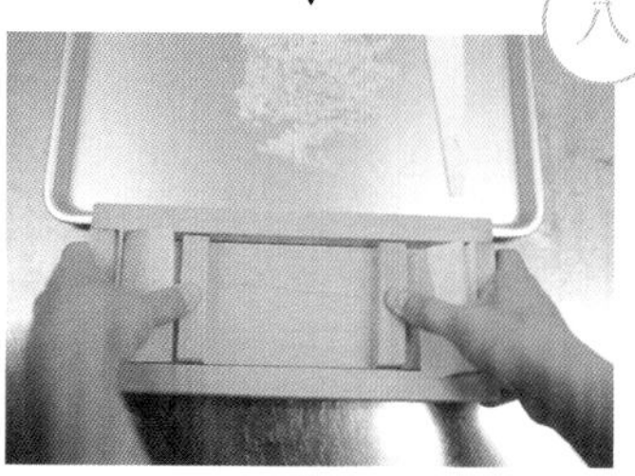

再次蓋上蓋子，均勻施力壓緊，讓高度變得一致。

九

打開蓋子放10～15分鐘，用手指輕壓角落也不會崩塌之後，就可以把模型慢慢取下。

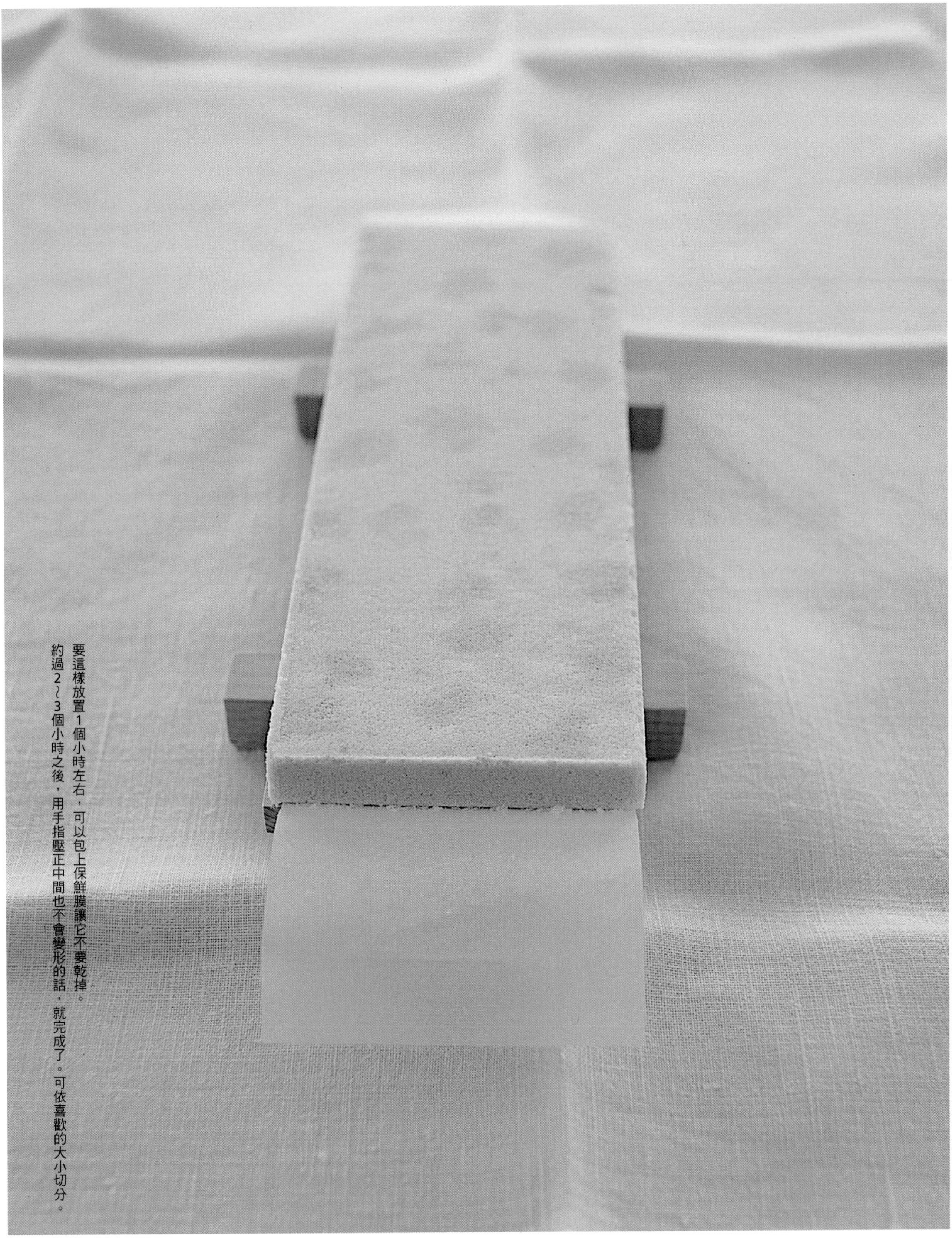

要這樣放置1個小時左右，可以包上保鮮膜讓它不要乾掉。
約過2～3個小時之後，用手指壓正中間也不會變形的話，就完成了。可依喜歡的大小切分。

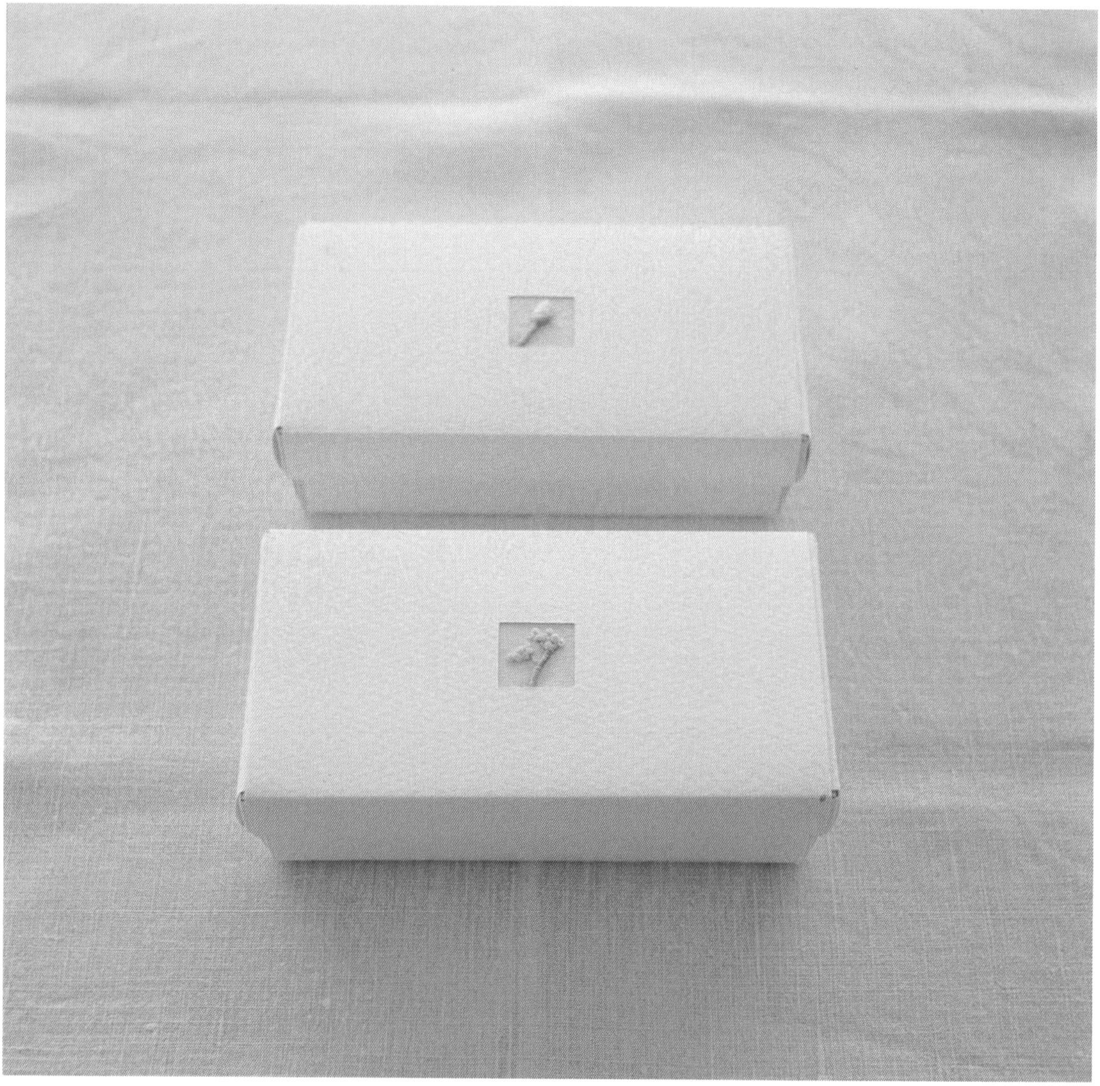

手做和菓子還是會想要放進手工做的盒子裡。於是，讓《丹麥古傳刺繡小盒》的作者近藤佳代來教大家簡單就能完成搭配和菓子的小盒子。

原本的丹麥小盒是用非常堅固的厚紙作成，不過這次考慮「要用全部都能在文具店買到的材料來製作。刺繡也是用很容易就能繡好的小花。」來教大家製作可愛的小盒子。象徵淡淡春意的櫻花花苞和油菜花的迷你刺繡，讓小盒子呈現出手工感。我們提議把點心「清朗」放進這個盒子裡當成禮物。因此盒子也配合乾菓子完成的尺寸來製作。

「如果是會緞面繡（satin stitch）的人，刺繡就沒問題；不會的話，只要用簡單的針繡就可以做出來了。」

只是加上了刺繡，就提升了小盒子的價值感，也一定會成為讓收禮者想要好好留下來珍惜的盒子。

做法請參考左頁。盒子使用兩種紙，主體是用手工專用紙，外封紙則可以依自己喜好任選薄的、容易折出摺痕、稍微有彈性的紙。另外，貼在盒子四個角的紙，可以使用和外封紙一樣的紙。折的順序是從寬度較細的紙開始折，就從1公分的折線開始吧！

應用丹麥小盒的做法
來做和菓子的小盒子

（單位是公分）

●盒子（盒身）

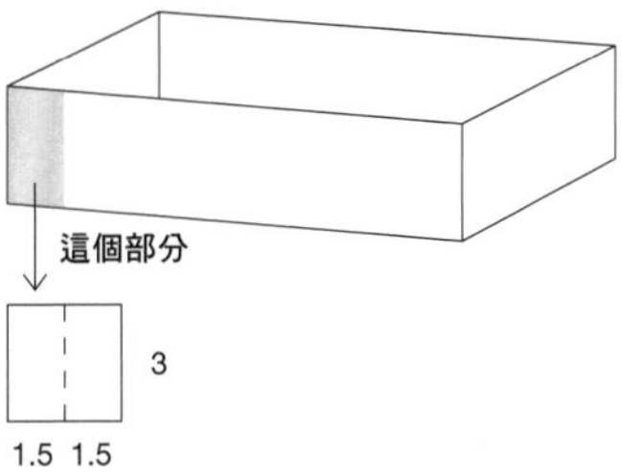

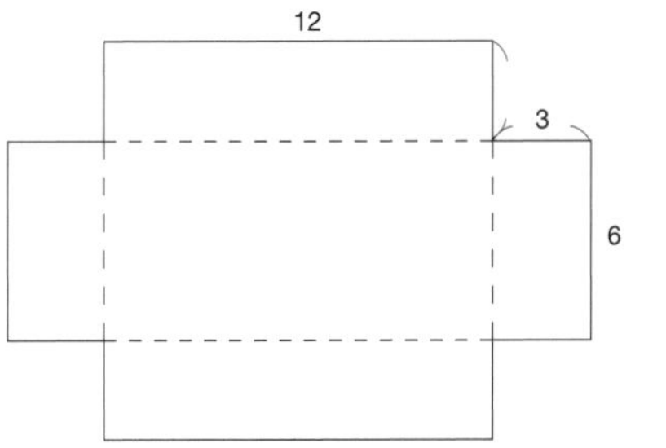

●盒子（蓋子）

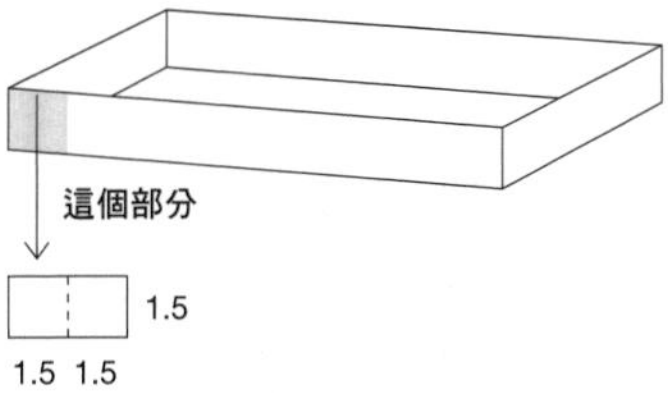

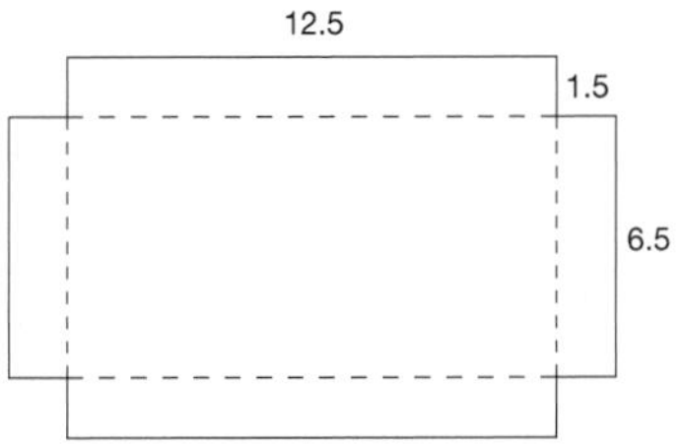

●外封紙（蓋子用）

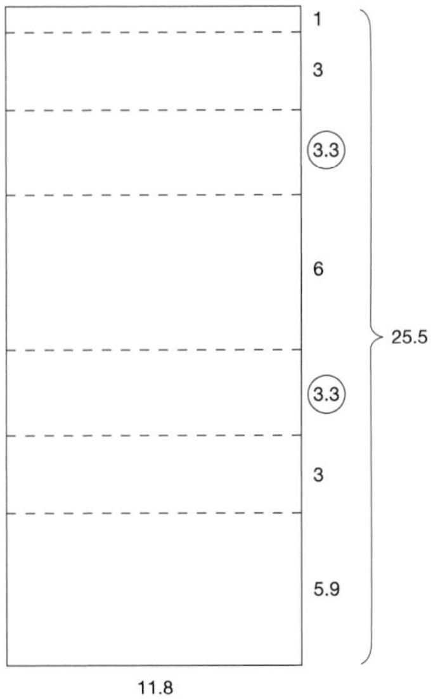

●外封紙（盒身用）

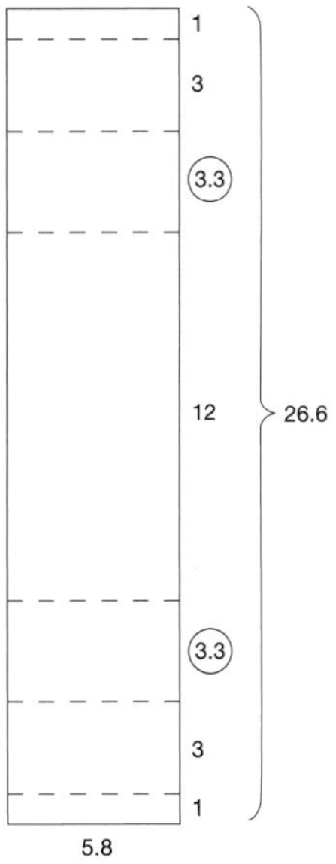

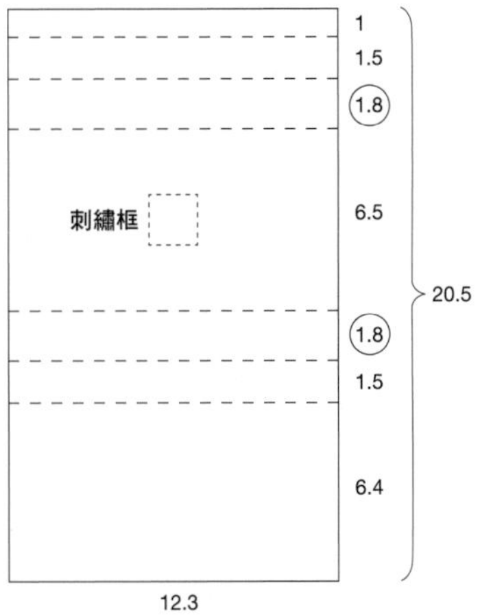

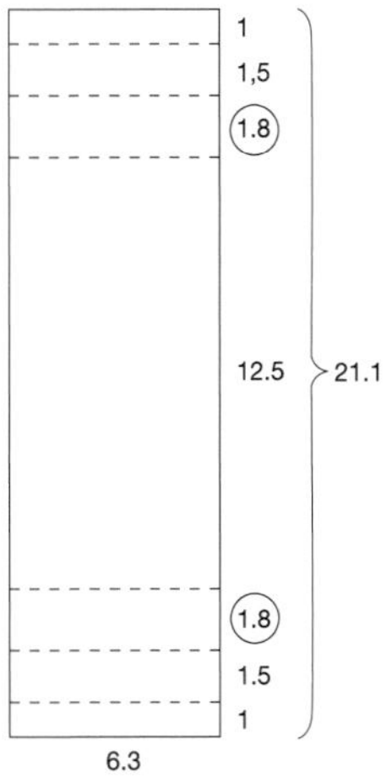

＊○裡的數字請依據使用的紙張來調整。

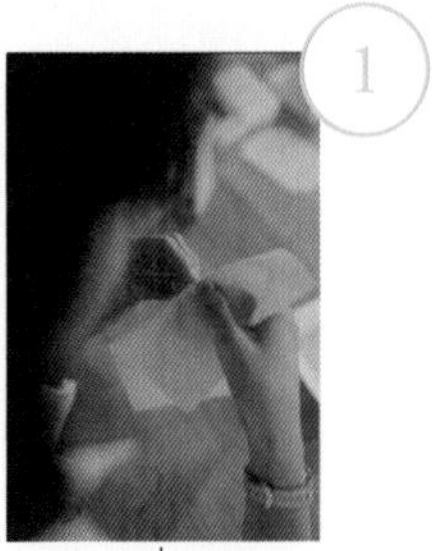

在布上刺繡。圖案可依喜好自由選擇。這裡用緞面繡繡出櫻花花苞。

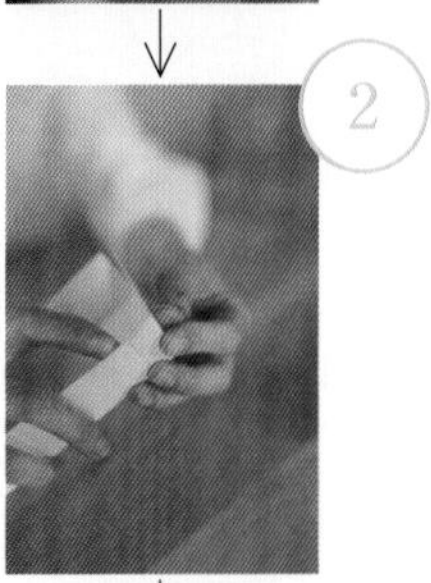

依照展開圖折出盒子，盒子的四個角另外貼上其他紙。盒子與蓋子兩種做法相同。

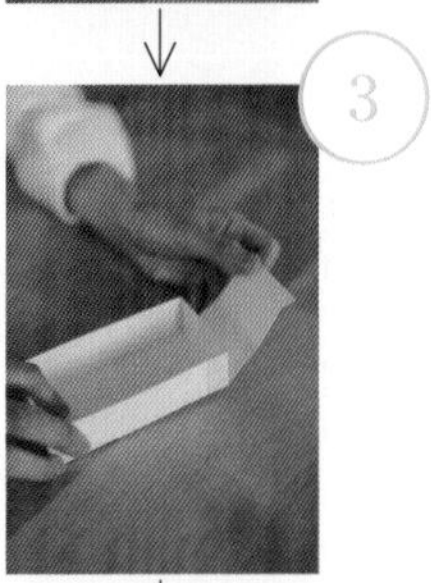

折外封紙，包在盒子的外面，四個角確實折好並蓋住的話，完成的樣子就會非常好看。

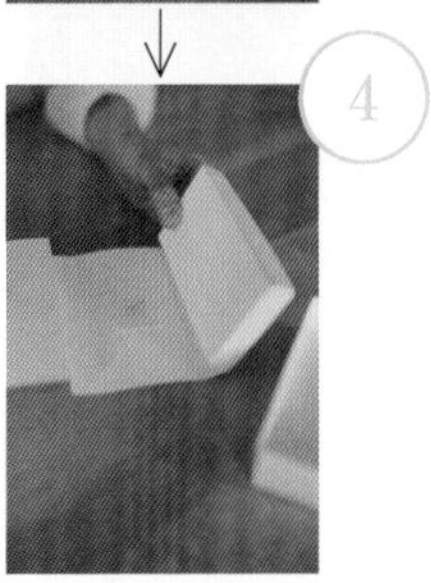

從蓋子外封紙的刺繡框背面，貼上繡上花的布，然後仔細折好包覆起來。

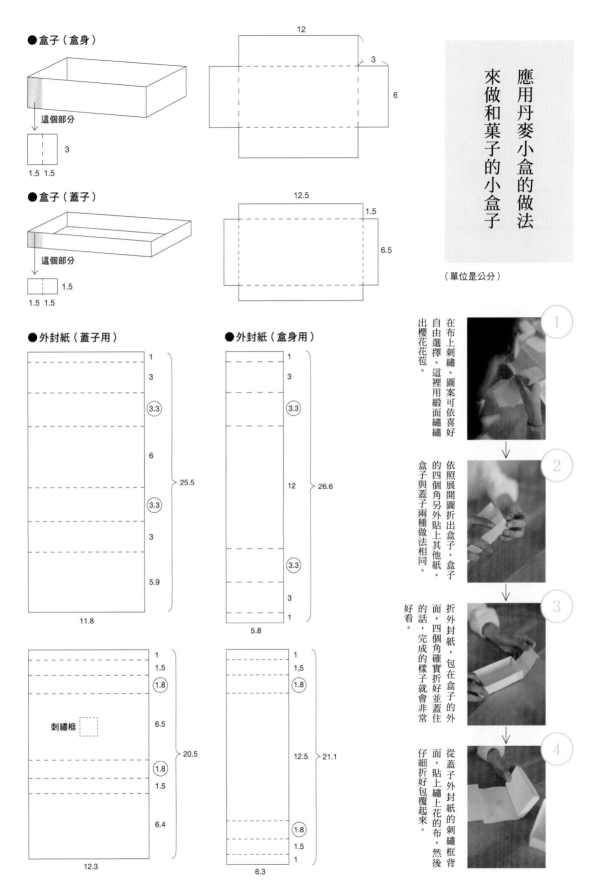

直立的盒子有附上蓋柄的蓋子。刺繡是繡上了花、葉子或剪刀的立體圖案。

刺繡中的近藤佳代，在她手邊的是手工做的攜帶用縫紉盒。

近藤佳代在日本是少數「丹麥小盒」的創作者。平常做的小盒子都仔細地貼上細緻的刺繡，因此似乎成為即使傳了數代都還能使用的盒子。不過這次拜託她教大家新手也能完成的簡單盒子。

近藤佳代是在就讀大學的時候遇上了丹麥小盒，她以丹麥政府獎學金留學生的身分到丹麥短期留學。愛上了被稱為「Æsker」的刺繡小盒子。大學畢業後她再度前往丹麥，在史卡拉手工藝學校（Skals Design og håndarbejdsskole）從小盒子製作的基礎開始學起。

這種盒子是在約兩百年前，某位女性用紙板做出盒子開始的，在丹麥似乎會非常珍惜地傳承這種盒子。近年來，因為加入新的製作技術和材料，也開始加上刺繡。

各式各樣的盒子。刺繡全部都是立體的。蓋子的深度也有各種樣式，包括增加蓋子與盒身之間的深度，或是蓋上蓋子後，可以看見盒身側邊的跳色。

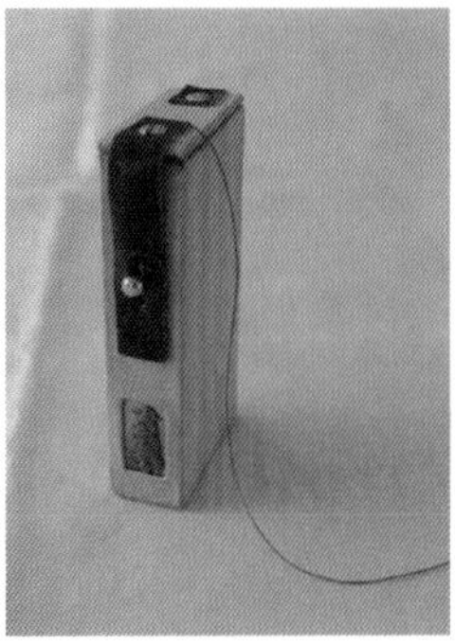

愛用的攜帶式縫紉盒。

現在近藤佳代在中野坂上的「紙盒美術館」、「千葉朝日文化中心」、「銀座松屋文化教室」等地授課。用細緻的刺繡來裝飾、做得非常牢固的盒子，當作縫紉盒或是放入珠寶飾品等好像也都很不錯。近藤佳代總是隨身攜帶的縫紉盒也是自己手工製作的盒子。

她從已經呈現出長年使用韻味的縫紉盒裡取出刺繡針，開始刺繡。盒子本身除了很牢固，也散發出成熟的可愛風格，刺繡更是很迷人。用緞面繡不斷重疊出來的花朵或是草莓，呈現出立體感。

「紙盒美術館」的一個展示間裡所陳列的枯葉刺繡，也是近藤佳代的作品，那模樣宛如畫一般優雅而細緻。這個美術館是由一位貼箱*製作公司的老闆，為了展示他所收集的貼箱而設立的，是非常少見的美術館（參照版權頁後記）。

＊譯註：貼箱是以紙板作成紙箱或紙盒，再於其外表貼上有花紋的薄紙或和紙。

日日・人事物⑬

金門小徑聚落的戰地小吃

蛋狗・蛋香・炒泡麵，還有雜七雜八

文—賴譽夫　攝影—吳美惠・賴譽夫

小徑夜間可以觀星河。

小徑是金門本島中央的聚落。地理位置的交通利便，因而也有旅者偏好落腳此地的古厝民宿。常常在影像中見到金門老街的意象代表「邱良功母節孝坊」，邱良功本人的墓即在小徑；大明時代的魯王之墓亦坐落於焉，陳喻出此處古聚落過去的歷史感。而俗稱八三一、軍樂園的特約茶室，僅存的小徑分室，如今則作為那歷史片段的展示館。

「金中師」過往駐紮在此，走進聚落的街道，兩旁可見冰菓室、球間、相館、澡堂、理髮廳等等的舊店招，陳陋的門板、斑駁而可以臆度過往榮繁的街屋，所謂「街的味道」漫漶而出。聚落上方，外牆掛著「中正堂」字樣的實踐堂、俗稱的武威戲院荒雜蕪棄，而破落的文康中心已不再軍眾聚溢。不住地讓人品味起撤軍後有些微涼的暮意。

聚落中主幹街道旁的一間簳仔店——合泉平價中心，可由看板上文字的漆駁，想見是過往駐軍濟濟年代少數遺存的店家。與台灣都會區已經漸漸消失的簳仔店過往的功能相同，滿足著家戶日

清幽的小徑聚落。

僅存的八三一小徑分室作為歷史展示館。

古厝是民居，也作民宿。

常需求的生活雜貨與食飲；而在駐軍年代，金門的許多店商兼營著小吃的生意，當然這裡也有。

走近合泉，在樹下看著一塊手寫的字牌，上頭寫著「蛋狗．蛋香．炒泡麵」，炒泡麵自然是金門常見的小吃，而「蛋狗、蛋香」究竟是什麼？店家熱情的招呼著，就像兒時居家巷口熟識的小店般親切，走到店口一看，則又多出了「雜七雜八」這樣餐點，雖然可以猜想不會是太過奇異的食材，但是這些語未言明的名稱還真教人好奇，一趟行旅至此，當然不可以錯過，便每樣都點來吃吃看；等候的空檔選購著小店裡的冷飲，並為後續行程儲備點心，落坐店旁的塑膠椅與摺疊桌，等候著揭曉這些小吃的面目。

首先登場的是蛋狗。紙袋裡包著捲餅模樣的食物，端上來一咬開，是蔥油餅夾蛋、中間裹覆著一支熱狗，原來，蛋狗就是這個組合的食材綜合簡稱；那麼同理可想，蛋香應該就是包裹著香腸囉，果也如是。沒有特別的強烈驚喜，

金門國家公園 特約茶室展示館

金門縣金湖鎮小徑126號

☎082-337-839

金門花園(花園咖啡＆茶室書屋)

金門縣金湖鎮小徑村126號

☎082-337-517

小徑曾是「金中師」駐軍所在。

邱良功墓為小徑的古蹟景點。

掩沒在荒草中的營區。

不再開啟的售票口。

俗稱威武戲院的實踐堂。

卻是令人會心的笑了出來。如同許多食物與台灣有著相同的名稱或外貌，嚐起來有著些許的不同，蔥油餅的部分不似炸蛋蔥油餅般乾脆，也不似抓餅般的絲韌，表面酥香、餅體有嚼勁又不油膩，捲起內餡裡面的醬料調味恰到好處，還有胡椒提味，簡單卻讓人覺得續嘴而難以釋手。接著端上的確如其名，果真是「雜七雜八」，像是鹽酥雞攤上隨意揀選的綜合拼盤，米血糕、魚丸、熱狗、甜不辣……，換個說法就是「豐富多樣」了。

炒泡麵是駐軍人多時，快速又方便的果腹選擇，在金門島上逛遊，好似處處都可以吃得到，然而各個店家與不同聚落皆有相異的菜料搭配與調味，只要肚腹仍有空間，自然地走到哪就常會引人想嚐嚐各處有何相異。這兒的炒泡麵調味在金門算是較輕的，但其實吃來已是鹹淡恰好，或許店外隨意種植的菜蔬，也是為這炒泡麵增色的食材來源吧！

近年來前往金門旅遊的人增加，合泉這樣原先隱於在地的小吃，也在旅人的口耳分享下漸漸出名。小吃之後，小徑

雜七雜八。

奇異的小吃名稱教人好奇。

合泉平價中心

金門縣金湖鎮小徑村63號

☎082-332-908

蛋狗與蛋香。

合泉炒泡麵。

落坐店外隨興而食。

一杯咖啡，療原旅行的疲累。

也很適合大家走走，而聚落旁的蘭湖，早期是為了儲水而建掘，如今成作是一個風光麗適的人工湖泊景點。累了，特約茶室展示館旁的「金門花園咖啡」是很適合稍作歇息的地方，店內四周置滿了現任店主的藏書與古典音樂唱片，牆面也是藝術展覽場，偶爾也會遇上藝文活動與講座；來此聽聽溫潤的音樂、喝上一杯咖啡，旅程的疲勞就在這溫暖的小室內獲得了癒復。

公文美和的攝影日記⓫

美味日日

得到小石原燒的器皿

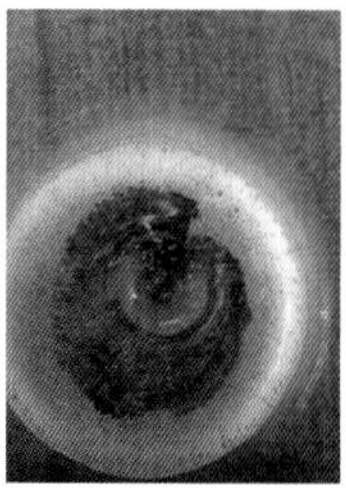
用香檳來乾杯

下雨天要吃派

桂濱
（註：高知縣高知市）

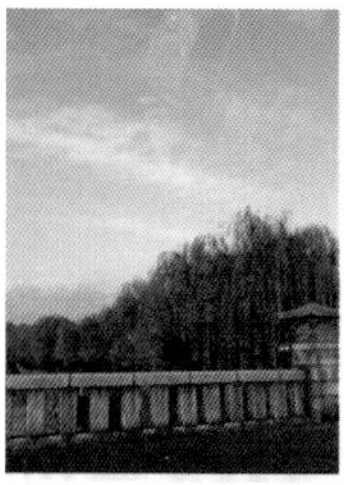
京都之秋

西餐廳的醬汁

雪的模樣

可愛的聖誕老人

拼布老師的作品

手工做的泡菜

造型師的布

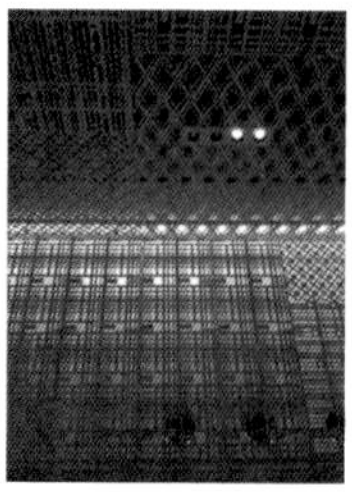
美麗的牆

米澤

manens kompis的牆壁
（註：maane工房的藝廊）

大極殿
（註：和菓子店）

得到照相機印章

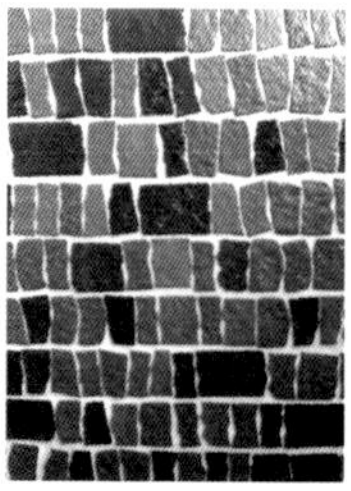
彷彿可以吃的牆

尾牙

最喜歡略焦的食物

西班牙的土產

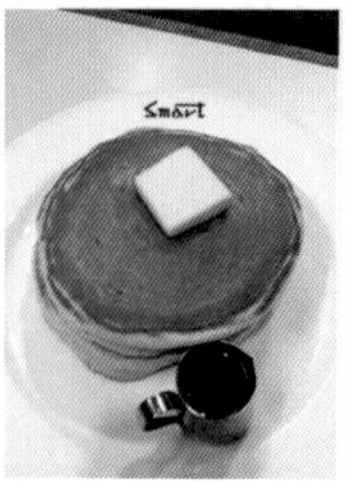
早餐

在青山的炸蝦蓋飯

餐食結尾是這個

高橋良枝的肝醬
（pâté）

員工餐（註：指maane
工房負責伙食的
小松美帆所做的餐點）

漂亮的包裝

青鱂魚的家

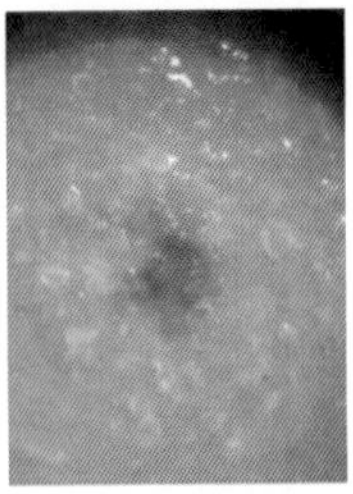
蛋花非常棒

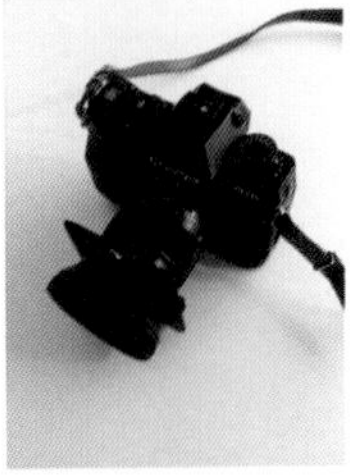
我的相機

散步

三谷龍二的湯匙

在新幹線上的慰勞

早餐麵包

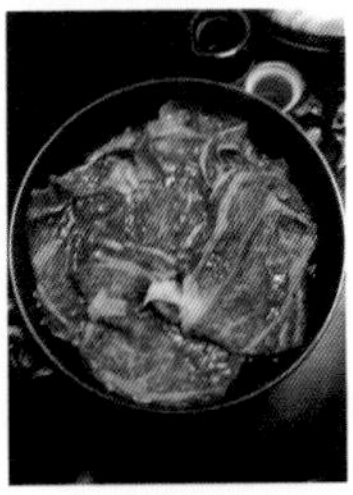
京都的壽喜燒

牛尾範子的作品

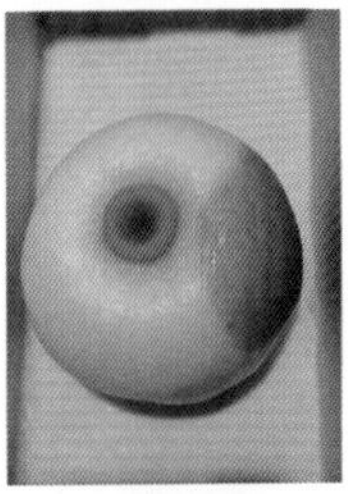
椿

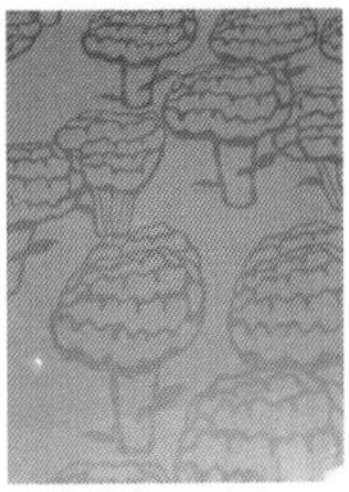
好像很美味

豆皮

青花菜的葉子

火腿三明治

惠比壽的燈飾

漂亮的店內

日本艾的味道

帥氣的農夫

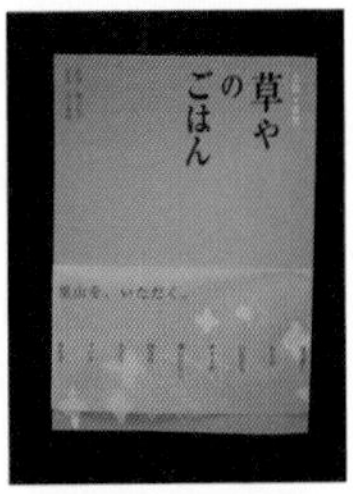

高知的料理書

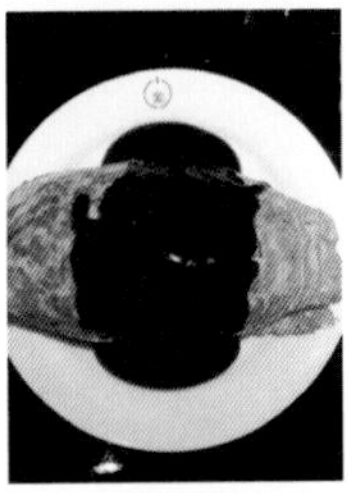
蛋包飯

馬卡龍

手工做的韓國辣椒醬

龍馬的側臉

羅扎（ROZA）
洋菓子店的餅乾

高知產

西餐

好酷啊

抹茶

炸豬排

大福茶

月餅店

嶺貴子的生活花藝❹

花與咖啡的午後時光

在台灣從事花藝造型顧問
與設計工作的嶺貴子老師，
這次為我們帶來一位新朋友——
阿里山咖啡的伊藤篤臣，
兩個人來自日本卻在台灣相遇，
在《日々》準備的空間裡，
展開咖啡與生活花藝的對話。

花草和蔬果可以組合出
非常多的變化呢！

秋天的牡丹菊，鮮豔美麗，
而且相當耐久。

一面是鮮花，一面是蔬果，滿滿的一盆，不論從
哪個方向看，都令人興味盎然。

把廚房的濾水盆當作花器
使用，放在餐桌上，也毫
不突兀。

提到花藝，會感覺是有點難度的技能，但其實不需要太擔心自己技巧不足，因為只要仔細觀察花草本身的生命力與各種可愛的姿態，將它們表現出來，就是一種最好的詮釋。

不論是從花市買的鮮花或是陽台、院子裡剪下來的枝葉，就算搭配廚房隨手可得的器材當作花器，也可以從生活中享受花草帶給我們的美好感受。

在某個午後，嶺貴子老師帶著伊藤篤臣來到赤峰28的展示空間，在這個宛如小公寓的餐桌上，用簡單的花材，搭配家中的蔬果，隨意的擺設出優雅而自然的餐桌風景。

而來自日本卻愛上阿里山咖啡、留在台灣努力要把阿里山咖啡的美好滋味讓更多人知道的伊藤篤臣，在嶺貴子插花的時候，他在旁邊磨起了豆子，整個屋子充滿新鮮咖啡豆的香氣，大家忍不住讚嘆「好香啊！」

接著他用台灣製的玻璃濾壺，開始手沖咖啡，「沖咖啡一開始的15秒是關鍵，之後98％都是水，只有2％是咖啡，而這2％的咖啡就在一開始的15秒中。所以要仔細地讓水與空氣和咖啡粉

基本上10g咖啡粉沖150cc的水，
可依杯子大小調整比例。

Alisan Coffee

http://alisanproject.com/

倒水充分浸溼咖啡粉，等咖啡粉呈現膨起來的狀態，等15秒，然後再以畫日文的の字形注水。

最後把剩下不要的雜質和水移到另一個杯子裡。

嶺貴子
Mine Takako

出生於日本，目前居住台北。專業花藝老師。2013年開設花店「Nettle Plants」。

Nettle Plants

位於生活道具店「赤峰28」一樓的花店。除了販售切花、乾燥花、各式花禮之外，不時也會開設花藝課程。相關開課內容請洽contact@thexiaoqi.com
地址：台北市中山區赤峰街28-3號1樓
電話：02-2555-6969

混合。」伊藤篤臣說。

原來好喝的咖啡需要時間，用時間等待咖啡粉、水和空氣的結合，伊藤篤臣不疾不徐地沖好了兩杯咖啡。

在視覺、嗅覺與味覺相互交織下，兩人談起了在台灣生活的點點滴滴，時光彷彿也隨著空氣中漸淡的香氣，變得溫柔而緩慢。

伊藤篤臣的阿里山咖啡（Alisan Coffee）。

場地、道具提供—小器生活道具（02-2559-6852）、赤峰28（02-2555-6969）
示範—嶺貴子、伊藤篤臣　攝影—Evan Lin　文—Frances

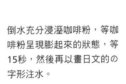

34號的生活隨筆❾

家庭之味

圖．文—34號

這個炎炎夏日，躲著炙陽在家沒出門的日子把NHK晨間劇《多謝款待》一口氣全部看完，意猶未竟且覺得想起什麼的，便接著將旅日料理家辛永清所著《府城的美味時光：台南安閑園的飯桌》一書重讀一次，對我而言，連結這一書、一劇的即是其中維繫所有人情感的「家庭之味」。

《多謝款待》的芽以子隨著時令節氣、慶典場合、家人喜好，費心思的將愛放在每一道料理；夏天為孩子自製冰淇淋、柿子季節的柿葉壽司、取自家人名字諧音的新年料理、每日的日常便當及三餐、甚或是戰亂時期的節儉料理，無一不是主中饋者的用心，為的就是希望家人能夠吃到最健康營養且滿足口慾的餐點，因為不假外求、因為用心吃得到，所以讓人感動。

而辛永清老師筆下安閑園飯桌上端出的也是令人一輩子難忘的味道，辛母為了家人在大宅安閑園後栽植果樹、種菜、養雞飼鴨……，壽宴必有什錦大麵、慶祝春天來臨要全家吃潤餅、成長期需補充營養的孩子可獨享薑味烤雞……，就算是大家族食指浩繁，細膩心思的媽媽絕不會忘記種種細節，因為人是入口的食物所組成，以愛調理餐點就如以愛灌注家人。

又想起年初，幸運參與了日本料理生活家老師栗原晴美的講座，其中最打動我的一點亦是栗原提及，她認為「家庭的味道」是最重要的，她鑽研料理的原點即是「想為家人做好吃的料理」，而她教授料理的目的便是想幫大家找出每個家庭的味道，聽著講座的當下有種與老師心有相通的得意開心。因為替家人烹煮調理屬於我們家的獨特之味、與安心營養的料理亦是我熱愛廚事的初衷。我甚至認為家庭之味不僅只是與口腹相關而已，廚房裡因隨季節更迭，而有食材色彩的變化；如秋天柚子堆成小山擺在中島上的豐碩、新鮮香草下鍋前成束的瓶插、桌上的百香果不只放成風景還飄散著濃郁果香，還有端上桌的食器搭配運用、處理食材的習慣與手法，皆蘊含了每一家的生活之美與愛的傳承。

studio m' 品牌專門店
台北市赤峰街28之3號　赤峰28
02-2555-6969
台中市大容東街17號
04-2328-8538
©studio m

日々・日文版 no.19

編輯・發行人——高橋良枝
設計——渡部浩美
發行所——株式會社 Atelier Vie
http：//www.iihibi.com/
E-mail：info@iihibi.com
發行日——no.19：2010年3月1日
插畫——田所真理子

日日・中文版 no.14

主編——王筱玲
大藝出版主編——賴譽夫
設計・排版——黃淑華
發行人——江明玉
發行所——大鴻藝術股份有限公司｜大藝出版事業部
台北市103大同區鄭州路87號11樓之2
電話：（02）2559-0510　傳真：（02）2559-0508
E-mail：service@abigart.com
總經銷：高寶書版集團
台北市114內湖區洲子街88號3F
電話：（02）2799-2788　傳真：（02）2799-0909
印刷：韋懋實業有限公司

發行日——2014年10月初版一刷
ISBN 978-986-90240-8-2

著作權所有，翻印必究
Complex Chinese translation copyright
©2014 by Big Art Co.Ltd.
All Rights Reserved.

日日 / 日日編輯部編著. -- 初版. -- 臺北市 ：
大鴻藝術, 2014.10　48面；19×26公分
ISBN 978-986-90240-8-2（第14冊：平裝）
1.商品　2.臺灣　3.日本
496.1　　　　　　　101018664

日文版後記

這次近藤佳代製作「丹麥小盒子」的拍攝，是由近藤佳代開設教室的「紙盒子美術館」負責。這家美術館是只收集「貼箱」這種類型的紙盒。瞭解「貼箱」這種盒子應用範圍之廣泛後，讓我們大為驚訝。（編按：「紙盒子美術館」為記念逝世的館長，更名為「篠崎記念館　紙盒子美術館」。目前由「Y'sDESIGN」設計事務所管理，可電洽＋81-3-6304-2772）

與伊藤正子拜訪輕井澤時，那天氣溫只有一度。冷洌而緊繃的冷空氣，倒不令人討厭。正月時去拜訪伊藤正子居住的松本市也非常冷，但光是因為人多、房子多，就覺得有溫暖。不管哪個地方都是當天來回的小旅行，不能夠從容地去拜訪真的很遺憾。「NATUR」所在的榆樹台（Harunire Terrace），從春天到夏天都是人氣景點，到訪的人應該很多。雖然我推薦在寧靜的冬季前往，不過我想榆樹綠葉茂盛的季節其實也是非常棒。

（高橋）

中文版後記

繼上期之後，發行人又被退了第二次稿，主編說，上期不是寫過去松本了？但其實我印象中完全不記得此事。好吧，既然松本寫過了，那我來講講我這週要去的瀨戶內生活工藝祭吧！日本這幾年陸續誕生了不少工藝祭，總地來說，松本算是歷史悠久規模又大，但也許也因為大的關係，慢慢地會有一些執行上的限制。比起已經30歲的松本「Craft Fair」，瀨戶內生活工藝祭算是個非常年輕的一個活動，但有趣地是，這兩個活動當初的召集或者說發起人都是三谷龍二。我偷偷地想說，也許三谷龍二先生是因為覺得年輕的活動可以有一些新嘗試吧～瀨戶內生活工藝祭讓人覺得最有趣的地方是因為位於高松市，所以要去瀨戶內海的各島，交通非常便利。今年便有一個展覽的會場是在女木島。而我也計畫著趁著這次到高松，再造訪一次直島，令人期待！

（江明玉）

大藝出版Facebook粉絲頁http：//www.facebook.com/abigartpress
日日Facebook粉絲頁https：//www.facebook.com/hibi2012